职教师资本科电子与计算机工程专业核心课程系列教材

网络综合布线实训教程

涂 军 童旺宇 主编

科学出版社

北 京

内 容 简 介

本书是教育部中职师资本科专业核心课程教材。本书分基础篇和工程篇两个部分,基础篇主要介绍实验的工具、施工的标准、基础的接头制作及相关基本技能的掌握;工程篇是以工程为例介绍网络布线工程中的相关知识,并以两个测试教程作为工程测试实例,完整地展示综合布线工程的全过程。

本书可作为高职师资本科教材,也可作为工程实训教材和工程施工工具书使用,同时还可供从事网络综合布线的工程技术人员参考。

图书在版编目(CIP)数据

网络综合布线实训教程/涂军,童旺宇主编. —北京:科学出版社,2016.11
职教师资本科电子与计算机工程专业核心课程系列教材
ISBN 978-7-03-050749-5

Ⅰ.①网… Ⅱ.①涂… ②童… Ⅲ.①计算机网络-布线-高等学校-教材
Ⅳ.①TP393.03

中国版本图书馆 CIP 数据核字(2016)第 277552 号

责任编辑:闫 陶 杜 权/责任校对:董艳辉
责任印制:彭 超/封面设计:苏 波

科 学 出 版 社 出版
北京东黄城根北街 16 号
邮政编码:100717
http://www.sciencep.com

武汉市首壹印务有限公司印刷
科学出版社发行 各地新华书店经销
*
开本:787×1092 1/16
2017 年 9 月第 一 版 印张:6 1/2
2017 年 9 月第一次印刷 字数:120 000
定价:26.00 元
(如有印装质量问题,我社负责调换)

丛书编委会

主　编：张颖江

副主编：李　军　涂　军　林　姗　童旺宇　吴　聪

编　委：蔡　浩　李　冰　李坤福　熊　驰　程　芬

　　　　李勇峰　周国鹏　陈书剑　赵培宇　毕　艳

　　　　陈小玲　钮　炎　熊　英　欧阳勇　李　浩

　　　　邹　毅

丛 书 序

"十二五"期间，中华人民共和国财政部安排专项资金，支持全国重点建设职教师资培养培训基地等有关机构申报职教师资本科专业培养标准、培养方案、核心课程和特色教材开发项目，开展职教师资培训项目建设，提升职教师资基地的培养培训能力，完善职教师资培养培训体系。湖北工业大学作为牵头单位，与山西大学、西北农林科技大学、湖北轻工职业技术学院、湖北宜化集团一起，获批承担计算机与电子工程专业职教师资培养资源开发项目。这套丛书，称为职教师资本科计算机与电子工程专业核心课程系列教材，是该专业培养资源开发项目的核心成果之一。

职业技术师范专业，顾名思义，需要兼顾"职业""师范"和"专业"三者的内涵。简单地说，职教师资计算机与电子工程本科专业是培养中职或高职学校的计算机与电子工程及相关专业教师的，学生毕业时，需要获得教师职业资格和计算机与电子工程专业职业技能证书，成为一名准职业学校专业教师。

丛书现包括五本教材，分别是《计算机网络技术》《PLC基础教程》《数字电路分析与实践》《电子工程制图》和《网络综合布线实训教程》。作者中既有长期从事本专业教学实践及研究的教授、博士、高级讲师，也有近年来崭露头角的青年才俊。除高校教师外，有十余所中职、高职的教师参与了教材的编写工作。

这套教材的编写，力图突出职业教育特点，以技能教育作为主线，以"理实一体化"作为基本思路，以工作过程导向作为原则，将项目教学法、案例分析法等教学方法贯穿教学过程，并大量吸收了中职和高职学校成功的教学案例，改变了现有本科专业教材中重理论教学、轻技能培养的教学体系。这也是与前期研究成果相互印证的。

丛书的编写，得到兄弟高校和大量中职高职学校的无私支持，其中有许多作者克服困难，参与教学视频拍摄和编写会议讨论，并反复修改文稿，使人感动。这里尤其要感谢对口指导我们进行研究的专家组的倾情指导，可以说，如果没有他们的正确指导，我们很难交出这份合格答卷。

期待着本系列教材的出版有助于国内应用技术型高校的教师和学生的培养，有助于职业教育的思想在更多的专业教育中得到接受和应用。我们希望在一个不太长的时期里，有更多的读者熟悉这套丛书，也期待大家对这套丛书的不足处给予批评和指正。

张颖江

2016年10月于湖北武汉

出 版 说 明

《国家中长期教育改革和发展规划纲要(2010—2020年)》颁布实施以来,我国职业教育进入到加快构建现代职业教育体系、全面提高技能型人才培养质量的新阶段。加快发展现代职业教育,实现职业教育改革发展新跨越,对职业学校"双师型6"教师队伍建设提出了更高的要求。为此,教育部明确提出,要以推动教师专业化为引领,以加强"双师型"教师队伍建设为重点,以创新制度和机制为动力,以完善培养培训体系为保障,以实施素质提高计划为抓手,统筹规划,突出重点,改革创新,狠抓落实,切实提升职业院校教师队伍整体素质和建设水平,加快建成一支师德高尚、素质优良、技艺精湛、结构合理、专兼结合的高素质专业化的"双师型"教师队伍,为建设具有中国特色、世界水平的现代职业教育体系提供强有力的师资保障。

目前,我国共有60余所高校正在开展职教师资培养,但由于教师培养标准的缺失和培养课程资源的匮乏,制约了"双师型"教师培养质量的提高。为完善教师培养标准和课程体系,教育部、财政部在"职业院校教师素质提高计划"框架内专门设置了职教师资培养资源开发项目,中央财政划拨1.5亿元,系统开发用于本科专业职教师资培养标准、培养方案、核心课程和特色教材等系列资源。其中,包括88个专业项目,12个资格考试制度开发等公共项目。该项目由42家开设职业技术师范专业的高等学校牵头,组织近千家科研院所、职业学校、行业企业共同研发,一大批专家学者、优秀校长、一线教师、企业工程技术人员参与其中。

经过三年的努力,培养资源开发项目取得了丰硕成果。一是开发了中等职业学校88个专业(类)职教师资本科培养资源项目,内容包括专业教师标准、专业教师培养标准、评价方案,以及一系列专业课程大纲、主干课程教材及数字化资源;二是取得了6项公共基础研究成果,内容包括职教师资培养模式、国际职教师资培养、教育理论课程、质量保障体系、教学资源中心建设和学习平台开发等;三是完成了18个专业大类职教师资资格标准及认证考试标准开发。上述成果,共计800多本正式出版物。总体来说,培养资源开发项目实现了高效益:形成了一大批资源,填补了相关标准和资源的空白;凝聚了一支研发队伍,强化了教师培养的"校-企-校"协同;引领了一批高校的教学改革,带动了"双师型"教师的专业化培养。职教师资培养资源开发项目是支撑专业化培养的一项系统化、基础性工程,是加强职教教师培养培训一体化建设的关键环节,也是对职教师资培养培训基地教师专业化培养实践、教师教育研究能力的系统检阅。

自2013年项目立项开题以来,各项目承担单位、项目负责人及全体开发人员做了大量深入细致的工作,结合职教教师培养实践,研发出很多填补空白、体现科学性和前瞻性的成果,有力推进了"双师型"教师专门化培养向更深层次发展。同时,专家指导委员会的各位专家以及项目管理办公室的各位同志,克服了许多困难,按照两部对项目开发工作的总体要求,为实施项目管理、研发、检查等投入了大量时间和心血,也为各个项目提供了专业的咨询和指导,有力地保障了项目实施和成果质量。在此,我们一并表示衷心的感谢。

编写委员会

2016 年 3 月

前　言

综合布线系统是以实体为平台,采用高质量的标准线缆和相关连接件,在建筑物中组成标准、灵活、开放的信息传输通道,是建筑智能化不可缺少的基础设施。随着我国经济水平长期健康快速发展、科技水平日益提高,社会对智能化建筑的要求也越来越高。

然而通过调研,我们了解到这样矛盾的信息:一方面 IT 企业对具备智能楼宇工程技能的工程师需求很大;另一方面高校计算机相关专业应届毕业生在 IT 企业受欢迎程度不够。通过分析发现:在现有的高校实践教学环节中,关于智能楼宇网络工程所需要的技能,教学体系能够提供的训练不到实际需要的五分之一。为此,我们专门组织了具有二十余年工程实践经验的高级工程师和具有丰富教学经验的教师联合参与本教材的编写工作,对实际工程实践所需要的知识进行详细的分解、归纳和总结。在此基础上,我们分成若干个实训,期望通过这些课程的训练,可以培养出企业急需的专业人才。

本书是对布线技能的培训所编写,同时也考虑到读者对设计和派工单等知识点的了解。全书分基础篇和工程篇两个部分,共 10 章。第 1~4 章为基础篇主要介绍实验的工具、施工的标准、基础的接头制作及相关基本技能的掌握;第 5~10 章为工程篇是以“做工程”为桥接介绍开始,讲述网络布线工程中的相关知识,并以两个测试教程作为工程测试实例,完整地展示网络综合布线工程的全过程。各章均以实训的形式编写,内容包括实训的目的、实训的要求、实训的器材,以及实训后思考。本书可作为工程实训教材,也可作为工程施工工具书使用。

本书中的图片由上海企想信息技术有限公司及其他相关公司提供,视频由武汉天之逸有限公司及其他相关公司提供。在本书编写和实践平台的开发过程中,许多专家、老师给予了高度关注,提出了宝贵意见,并提供了帮助,给予了鼓励,在此一并表示感谢。因为水平所限,加上时间仓促,书中难免有欠妥和疏漏之处,敬请各位读者给予批评指正。

作　者

2015 年 11 月 1 日

目　录

基　础　篇

第 1 章　网络布线工具及前期准备 ························· 3
  1.1　实训目的 ·· 3
  1.2　实训要求 ·· 3
  1.3　实训器材 ·· 3
  1.4　实训后思考 ··· 11

第 2 章　双绞线接头的制作 ······························· 12
  2.1　实训目的 ··· 12
  2.2　实训要求 ··· 12
  2.3　实训器材及要求 ·· 12
  2.4　实训详细步骤 ··· 13
  2.5　实训后思考 ··· 19

第 3 章　光纤接头的制作实训 ··························· 20
  3.1　实训目的 ··· 20
  3.2　实训要求 ··· 20
  3.3　实训器材及要求 ·· 20
  3.4　实训详细步骤 ··· 21
  3.5　实训后思考 ··· 32

第 4 章　信息模块压制及打线上架操作实训 ········ 33
  4.1　实训目的 ··· 33
  4.2　实训要求 ··· 33
  4.3　实训器材及要求 ·· 33
  4.4　实训详细步骤 ··· 34
  4.5　实训后思考 ··· 38

工 程 篇

第5章　机柜整体设计与安装实训 ……………………………………………… 41
　5.1　实训目的 ……………………………………………………………………… 41
　5.2　实训要求 ……………………………………………………………………… 41
　5.3　实训器材及要求 ……………………………………………………………… 41
　5.4　实训详细步骤 ………………………………………………………………… 42
　5.5　实训后思考 …………………………………………………………………… 50

第6章　PVC管、线槽设计安装实训 …………………………………………… 51
　6.1　实训目的 ……………………………………………………………………… 51
　6.2　实训要求 ……………………………………………………………………… 51
　6.3　实训器材及要求 ……………………………………………………………… 51
　6.4　实训详细步骤 ………………………………………………………………… 52
　6.5　实训后思考 …………………………………………………………………… 63

第7章　牵引布线和面板安装实训 ……………………………………………… 64
　7.1　实训目的 ……………………………………………………………………… 64
　7.2　实训要求 ……………………………………………………………………… 64
　7.3　实训器材及要求 ……………………………………………………………… 64
　7.4　实训详细步骤 ………………………………………………………………… 65
　7.5　实训后思考 …………………………………………………………………… 71

第8章　认证测试仪操作实训 …………………………………………………… 72
　8.1　实训目的 ……………………………………………………………………… 72
　8.2　实训要求 ……………………………………………………………………… 72
　8.3　实训器材及要求 ……………………………………………………………… 72
　8.4　实训详细步骤 ………………………………………………………………… 73
　8.5　实训后思考 …………………………………………………………………… 79

第9章　链路认证测试操作实训 ………………………………………………… 80
　9.1　实训目的 ……………………………………………………………………… 81
　9.2　实训要求 ……………………………………………………………………… 81
　9.3　实训器材及要求 ……………………………………………………………… 81
　9.4　实训详细步骤 ………………………………………………………………… 81
　9.5　实训后思考 …………………………………………………………………… 84

第 10 章　认证测试检验台操作 ……………………………………………………………… 85

10.1　实训目的 ……………………………………………………………………………………… 85

10.2　实训要求 ……………………………………………………………………………………… 85

10.3　实训器材及要求 ……………………………………………………………………………… 85

10.4　实训详细步骤 ………………………………………………………………………………… 86

10.5　实训后思考 …………………………………………………………………………………… 89

参考文献 ………………………………………………………………………………………… 90

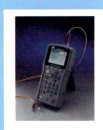  

基础篇

第1章 网络布线工具及前期准备

俗话说：工欲善其事，必先利其器。对于智能楼宇网络工程而言，在施工前制订良好的工程过程管理、工艺流程及施工工序是成功实施工程的先决条件，而这往往是初学者最容易忽视的。

1.1 实训目的

1. 了解实际工程应用中需要遵守的标准及规范。
2. 了解主要施工工序、常见的工程材料和施工工具。
3. 能够制订施工进度计划和工期安排。
4. 能够看懂图纸，进行技术交底。

1.2 实训要求

1. 了解智能楼宇网络工程的标准、规范及施工工序。
2. 自己动手编制网络工程的施工工序。

1.3 实训器材

1.3.1 网络布线的施工工具

目前市场上存在着大量的各种布线安装、测试工具，其中一些工具是工作时必须的，另一些则是可以使工作更加容易和高效进行，以下分别对各种器材进行介绍。

1. 牵引器与弯管器

牵引器主要用于在墙内和导管内进行线缆的铺设工作,专用牵引线材料具有优异的柔韧性与高强度,表面为低摩擦系数涂层,便于在 PVC 管或钢管中穿行,可使线缆布放作业效率与质量大为提高,如图 1-1。

图 1-1　牵引器

弯管器主要是解决铜管的弯曲问题,在综合布线工程中如果使用钢管进行线缆安装,就要解决钢管的弯曲问题,如图 1-2。

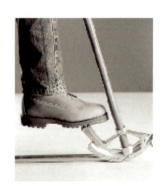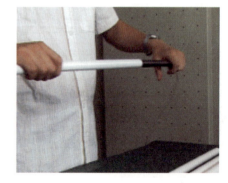

图 1-2　弯管器

2. 收紧器

在线缆布放到位后应进行适当绑扎(每 1.5 m 固定一次),因双绞线结构的原因,绑扎不能过紧,如图 1-3。

图 1-3　收紧器

3. 线缆剪切与剥线工具

剥线工具主要用于对电缆的外护套和绝缘层进行剥离。这类剥线工具主要是通过对护套的环切完成剥线的。使用这种工具最应注意的，是调节刀片位置，使刀口符合线缆类型，这样可保证刀刃不伤线芯，如图 1-4。

图 1-4　剪线器与剥线器

4. 端接工具

端接工具一般有打线刀和制线钳两种，选择打线工具时应选择多用途的，能适应不同厂家的模块端接要求，如图 1-5。

图 1-5　打线刀与制线钳

5. 诊断工具——音频探测器

音频探测器套件包括一个带有放大器的探测器和一个监听音频信号的扬声器。探测器可以拾取音频信号,因此不必接触导线,如图1-6。

图 1-6　探测器

6. 诊断工具——认证测试仪

综合布线系统的认证测试是所有测试工作中最为重要的一个环节,认证测试是检验工程设计水平和工程质量的总体水平,所以一般情况下对综合布线系统必须要求进行认证测试,如图1-7为认证测试仪。

图 1-7　认证测试工具

1.3.2　网络布线中常用的三种线

在网络传输时,首先遇到的是通信线路和通道传输问题。目前,在通信线路上使用的传输介质有:双绞线、同轴电缆、光缆。这里先简单介绍这三种。

1. 双绞线

双绞线(twistedpair,TP)是综合布线工程中最常用的一种传输介质。双绞线是由两根具有绝缘保护层的铜导线组成。把两根具有绝缘保护层的铜导线按一定节距互相绞在一起,可降低信号干扰的程度,每一根导线在传输中辐射出来的电波会被另一根线上发出的电波抵消。网络布线使用的双绞线的种类如图 1-8 所示。

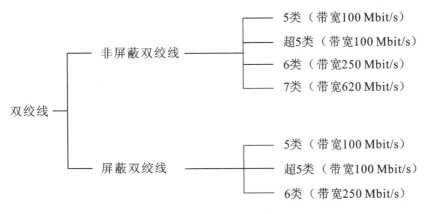

图 1-8　双绞线分类

目前,非屏蔽双绞线电缆的市场占有率高达 90% 以上,主要用于建筑物楼层管理间到工作区信息插座等配线子系统部分的布线,是综合布线工程中施工最复杂,材料用量最大,质量控制最主要的部分。

对于双绞线,用户关心的参数是:衰减、近端串扰、直流电阻特性阻抗、直流电阻衰减串扰比等。

衰减:衰减(attenuation)是沿链路的信号损失度量。衰减随频率而变化,所以应测量在应用范围内的全部频率上的衰减。

近端串扰:近端串扰损耗(near-endcrosstalkloss,NEXT)是测量一条 UTP 链路中从一对线到另一对线的信号耦合。

直流电阻:直流环路电阻会消耗一部分信号并转变成热量,它是指一对导线电阻的和,11801 的规格不得大于 $19.2\ \Omega$,每对间的差异不能太大($<0.1\ \Omega$),否则表示接触不良,必须检查连接点。

特性阻抗:与环路直接电阻不同,特性阻抗包括电阻及频率 $1\sim100\ MHz$ 的电感抗及电容抗,它与一对电线之间的距离及绝缘的电气性能有关。

衰减串扰比(ACR):在某些频率范围,串扰与衰减量的比例关系是反映电缆性能的另一个重要参数。

电缆特性：通信信道的品质是由它的电缆特性——信噪比（SNR）来描述的。

在双绞线电缆内，不同线对具有不同的绞距长度。一般地说，4 对双绞线绞距周期在 38.1 mm 长度内，按逆时针方向扭绞，一对线对的扭绞长度在 12.7 mm 以内。目前，网络综合布线系统工程大量使用超五类和六类非屏蔽双绞线。我们以超五类非屏蔽双绞线为例，介绍双绞线制造过程。

一般制造流程为：铜棒拉丝→单芯覆盖绝缘层→两芯绞绕→4 对绞绕→覆盖绝缘层→印刷标记→成卷。而在工厂专业化大规模生产超五类电缆时的工艺流程分为绝缘、绞对、成缆、护套四项。这里分屏蔽和非屏蔽两类线来介绍。

（1）屏蔽

目前普遍使用的屏蔽双绞线电缆屏蔽层结构分为两大类，第一大类为总屏蔽技术，就是在 4 对芯线外添加屏蔽层，第二大类为线对屏蔽技术，就是在每组线外添加屏蔽层，主要用于有特定要求的位置。

常用的单屏蔽-铝箔屏蔽有如下特点：

1）屏蔽由一层单面复合铝箔和一根排流线组成，排流线为单股镀锡圆铜丝，

2）单面复合铝箔厚度不小于 0.012 mm，一般为 0.06 mm，

3）单面复合铝箔纵包缆芯，重叠率不小于 30%，

4）排流线直径不小于 0.5 mm，

5）单面复合铝箔的金属面向内，并与排流线相接触。

（2）非屏蔽

网络布线工程中常使用 4 对非屏蔽双绞线导线，是施工中用量最大，也是质量控制最主要的部分，可分为超五类、六类、七类等。图 1-9 为常用超五类非屏蔽双绞线电缆，图 1-10 为六类非屏蔽双绞线电缆。

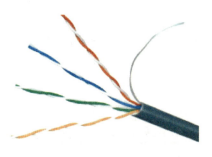

图 1-9　五类线

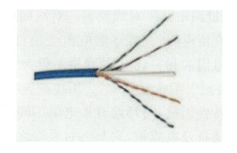

图 1-10　六类线

非屏蔽双绞线电缆有以下优点：

1）无屏蔽外套，直径小，节省空间；

2）重量轻、易弯曲、易安装；

3）可将串扰减至最小或加以消除；

4）具有阻燃性；

5）具有独立性和灵活性，适用于结构化综合布线。

2. 同轴电缆

同轴电缆是由一根空心的外圆柱导体及其所包围的单根内导线所组成，如图 1-11。其中传递信息的一对导体是按照一层圆筒式的外导体套在内导体（一根细芯）外面，两个导体间用绝缘材料互相隔离的结构制造的，外层导体和中心轴芯线的圆心在同一个轴心上，所以称为同轴电缆，其结构如图 1-12 所示。同轴电缆之所以设计成这样，是为了防止外部电磁波干扰异常信号的传递。

同轴电缆可分为两种基本类型，基带同轴电缆和宽带同轴电缆。目前基带常用的电缆，其屏蔽线是用铜做成网状的，特征阻抗为 50 Ω，如 RG-8、RG-58 等；宽带常用的电缆，其屏蔽层通常是用铝冲压成的，特征阻抗为 75 Ω，如 RG-59 等。同轴电缆根据其直径大小可以分为：粗同轴电缆与细同轴电缆。

图 1-11　同轴电缆

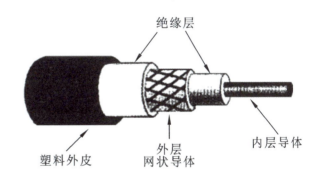

图 1-12　同轴电缆结构图

3. 光缆

光导纤维是一种传输光束的细而柔韧的媒质，简称光纤，如图 1-13 为单模光纤。光导纤维电缆由一捆纤维组成，简称为光缆。

光纤通常是由石英玻璃制成，其横截面积很小的双层同心圆柱体，也称为纤芯,它质地脆,易断裂,由于这一缺点,需要外加一保护层。其结构如图1-14 所示。

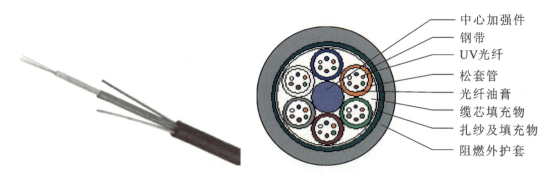

中心加强件
钢带
UV光纤
松套管
光纤油膏
缆芯填充物
扎纱及填充物
阻燃外护套

图 1-13　单模光纤　　　　　　　　图 1-14　光缆结构图

光纤主要有两大类,即单模光纤和多模光纤。

1) 单模光纤。单模光纤的纤芯直径很小,在给定的工作波长上只能以单一模式传输,传输频带宽,传输容量大。

2) 多模光纤。多模光纤是在给定的工作波长上,能以多个模式同时传输的光纤。

光缆是数据传输中最有效的一种传输介质,它有以下几个优点:

1) 较宽的频带;

2) 电磁绝缘性能好;

3) 衰减较小;

4) 中继器的间隔距离较大,因此整个通道中继器的数目可以减少,这样可降低成本。而同轴电缆和双绞线在长距离使用中就需要接较多的中继器。

1.3.3　网络布线的施工标准及规范

我国近三十年来,颁布了二十多个标准和规范,这里只列出一些主要标准和规范:

智能建筑设计标准　　　　　　　　　　　　GB/T 50314—2007

建筑与建筑群综合布线系统工程设计规范　　GB/T 50312—2007

建筑与建筑群综合布线系统工程施工规范　　GB/T 50311—2007

建筑设计防火规范(国标)(1997 年修订版)　GB J16—1987

有线电视系统工程技术规范　　　　　　　　GB50200—1994

民用闭路电视系统工程技术规范	GB 50198—1994
安全防范报警设备安全要求和实训方法	GB 16796—1997
电气装置安装工程施工及验收规范	GB 50254—259—1996
电气装置安装工程接地装置施工及验收规范	GB 50169
电气装置安装工程电缆线路施工及验收规范	GB 50168—1992
通用用电设备配电设计规范	GB 50055—1993
电子计算机房设计规范	GB 50174—1993
计算机信息系统安全保护等级划分准则	GB 17859—1999
全国公安无线寻呼联网技术规范	GA 231—1999
卫星通信地球站设备安装工程施工及验收技术规范	
	YD 5017—1996
数字数据网工程设计规范	YD 5029—1997
会议电视系统工程设计规范	YD 5032—1997
会议电视系统工程验收规范	YD 5033—1997
智能网工程设计暂行规定	YD 5036—1997
城市住宅区和办公楼电话通信设施验收规范	YD 5048—1997
民用建筑电气设计规范及条文说明（共二册）	JGJ/T 16—1993

1.4　实训后思考

1. 常用的网络连接线缆都有哪些，并列举其特点和用途。
2. 说明综合布线行业标准和规范的重要性。
3. 网络布线常用工具和常用线材的识别

第 2 章　双绞线接头的制作

数据跳线在综合布线系统中的应用非常广泛,具体包括信息插座面板与笔记本电脑或台式电脑连接、网络交换机之间的连接,以及临时性的网络接入都需要使用数据跳线。

数据跳线一般是指线缆两端用 RJ45 水晶头端接的网络线缆。目前市场上主流的跳线分为超五类和六类数据跳线,其中六类跳线一般要求原厂制作,超五类跳线可以原厂制作,也可以在工程现场制作。

数据跳线的连接标准一般可分为 2 种,分别是 EIA/TIA 568A 标准和 EIA/TIA 568B 标准,具体接线标准如下:

EIA/TIA 568A 的基本线序是绿白、绿、橙白、蓝、蓝白、橙、棕白、棕。

EIA/TIA 568B 的基本线序是橙白、橙、绿白、蓝、蓝白、绿、棕白、棕。

此外数据跳线根据连接设备的不同,还可分为平行双绞线和交叉双绞线。

2.1　实 训 目 的

掌握数据跳线的基本连接技术,并能独立完成跳线的制作。

2.2　实 训 要 求

独立完成 2 根数据跳线的制作,包括平行双绞线制作和交叉双绞线制作。

2.3　实训器材及要求

1) 剥线:使用制线钳器除去双绞线外表皮。
2) 理线:根据接线标准进行排线,并进行理线,将线缆捋直。
3) 剪线:使用制线钳剪切线缆。

4）压制：使用制线钳进行 RJ45 水晶头的压制。

5）测试：使用综合布线电子配线实训设备进行线缆的测试。

2.4　实训详细步骤

1. 剥线

　　使用剥线器去除双绞线的外表皮，使用剥线器夹住双绞线旋转一圈，剥除外表皮，如图 2-1 所示。

图 2-1　剥线

2. 理线

　　将 4 对双绞线进行拆分，分成 8 根铜芯，如图 2-2 所示。

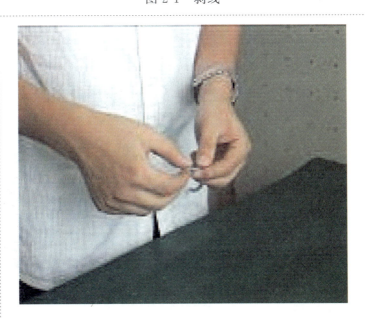

图 2-2　理线

3. 制线标准

　　安装制线标准对线对进行排序,如图 2-3 所示。

　　EIA/TIA 568A 的基本线序是绿白、绿、橙白、蓝、蓝白、橙、棕白、棕。

　　EIA/TIA 568B 的基本线序是橙白、橙、绿白、蓝、蓝白、绿、棕白、棕。

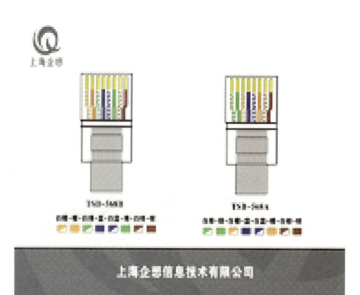

图 2-3　制线标准

4. 排线

　　根据制线标准将线对进行排线后,需要将线对捋直,操作时一手拿住线对根部,另一只手采用上下方向捋直线对,如图 2-4 所示。

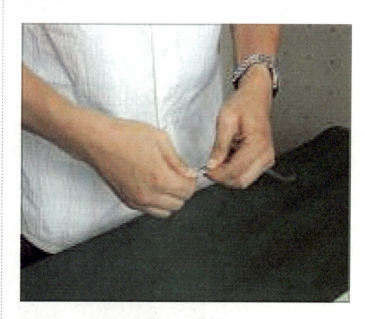

图 2-4　排线

5. 剪线

　　将线对捋直后，采用制线钳的剪线口剪去线对的多余部分，使线对保持14毫米的长度，如图2-5所示。

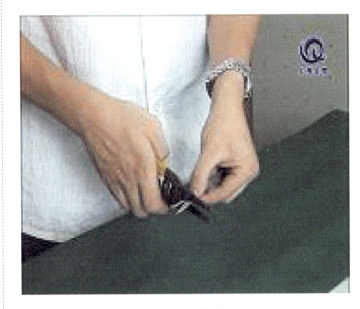

图 2-5　剪线

6. 剪线

　　完成剪线完成后效果图如图 2-6 所示。

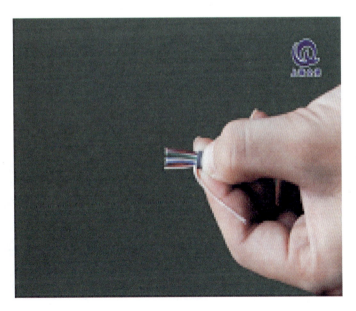

图 2-6　效果图

7. 安装水晶头

剪线完成后，开始安装水晶头，将水晶头金属片朝上，将双绞线插入，确定双绞线完全进入水晶头，如图 2-7 所示。

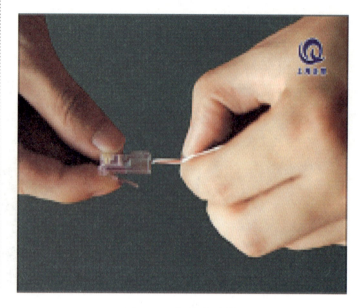

图 2-7　水晶头连接

8. 初步检查

将水晶头与双绞线进行连接后，可以首先进行初步检查，如图 2-8 所示，检查内容包括：
1) 双绞线外护套应进入水晶头内。
2) 连接线序应该符合标准。
3) 水晶头前部应该能看到 8 根铜芯。

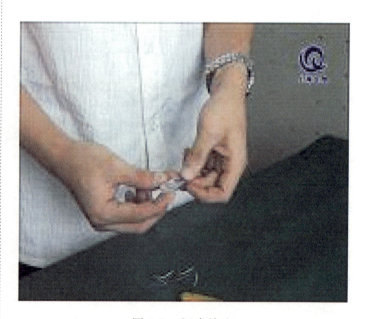

图 2-8　初步检查

9. 压制

使用制线钳对水晶头进行压制,持续压制 2 秒保证水晶头金属片与铜芯完全接触,如图 2-9 所示。

图 2-9　压制

10. 成品

完成压制后即可完成一根数据跳线,如图 2-10 所示。

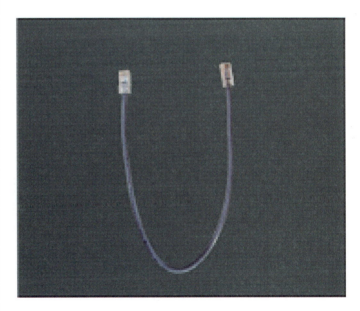

图 2-10　成品

11. 测试连接

　　使用上海企想信息技术有限公司生产的端接实训模块中的测试模块,可对数据跳线进行测试,将数据跳线插入对应的 RJ45 接口,如图 2-11 所示。

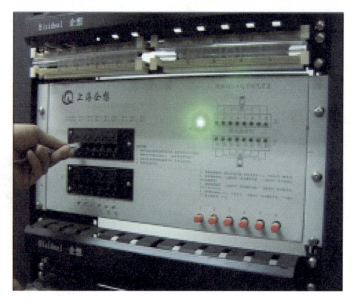

图 2-11　测试连接

12. 开始测试

　　连接完成后按对应的测试按钮,开始测试,观察测试指示灯是否按照顺序正常闪烁,如出现开路、断路等情况,指示灯将呈现闪烁状态,如图 2-12 所示。

图 2-12　开始测试

2.5 实训后思考

1. 本次实训所使用设备和工具包括哪些?
2. 简述数据跳线的制作过程。
3. 数据跳线的接线标准包括哪两类?
4. 将双绞线插入水晶头后应进行哪些检查,才能确保连接正确?
5. 总结跳线测试过程中出现的错误测试结果及指示灯的闪烁情况。

第 3 章　光纤接头的制作实训

光纤熔接技术是在高压电弧的作用下将两根需要熔接的光纤重新融合在一起,熔接是把两根光纤的端头熔化后才能连接到一起。

3.1　实 训 目 的

学会使用光纤熔接机进行光纤熔接操作。

3.2　实 训 要 求

使用光纤熔接实训台进行光纤熔接操作,并进行简单的光纤链路测试。

3.3　实训器材及要求

1）光纤熔接操作。
2）光纤配线盘安装。
3）光纤链路基本测试。
4）光纤端面测试。

3.4　实训详细步骤

1. 光纤熔接实训台

　　在进行光纤熔接实训时使用上海企想信息技术有限公司生产的光纤熔接实训台,如图 3-1所示。

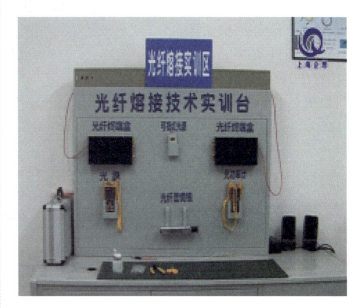

图 3-1　光纤熔接实训台

2. 光纤熔接机

　　光纤熔接实训中最主要的设备是光纤熔接机,如图 3-2所示。

图 3-2　光纤熔接机

3. 设置熔接程序

　　在进行光纤熔接前首先需要在熔接机上进行程序设置,包括光纤类型、熔接程序、放电时间等,如图 3-3 所示。

图 3-3　设置熔接程序

4. 剥线

　　使用光纤剥线钳将光纤外表皮剥离,剥线时首先使用光纤剥线钳的大口在光纤外表皮上剪一刀,然后将外表皮剥离,如图 3-4 所示。

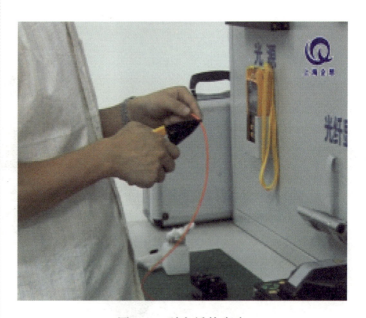

图 3-4　剥光纤外表皮

5. 剪去缓冲层

　　使用光纤剪刀剪去光纤的缓冲层,即凯夫拉层,如图 3-5 所示。

图 3-5　剪去缓冲层

6. 安装热缩套管

　　在光纤上安装热缩套管,如图 3-6 所示。

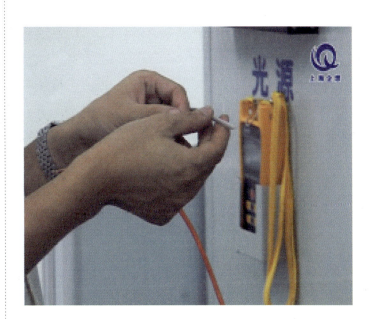

图 3-6　安装热缩套管

7. 剥去光纤涂覆层

使用光纤剥线器剥去光纤的外表皮和涂覆层,具体方法是先使用光纤剥线器小口在垂直方向剪下光纤,然后将光纤剥线器逆时针旋转一定角度,一只手拉紧光纤,慢慢地将光纤剥线器向外剥线,直到将光纤的表皮和涂覆层完全剥离,如图 3-7 所示。

图 3-7　剥去光纤涂覆层

8. 清理光纤表面

使用酒精棉清理光纤表面,清除光纤碎屑,如图 3-8 所示。

图 3-8　清理光纤表面

9. 端面切割准备

　　将光纤放入光纤切割刀,并使用压板进行固定,如图 3-9 所示。

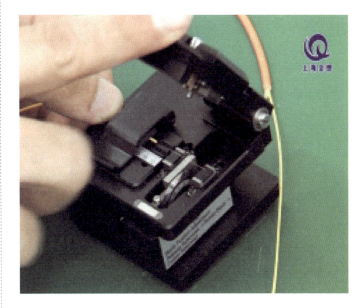

图 3-9　端面切割准备

10. 切割

　　将光纤切割刀的底部滑块往前推,进行光纤端面切割,如图 3-10 所示。

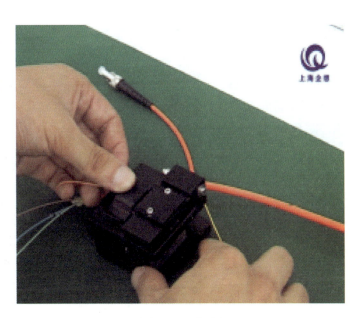

图 3-10　切割

11. 放置光纤

　　将切割完成后的光纤放置在光纤熔接机的一端,并使用压片进行固定,如图 3-11 所示。

图 3-11　放置光纤

12. 熔接准备

　　光纤熔接机的另一端光纤也进行光纤剥线,端面切割操作,同样使用压片进行固定。放置光纤时注意应将光纤放在两根电极之间,如图 3-12 所示。

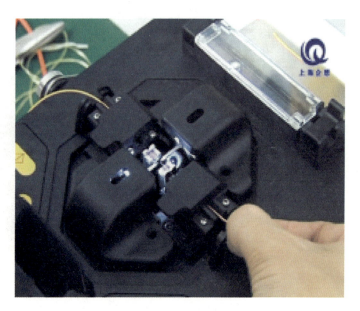

图 3-12　熔接准备

13. 自动对芯

　　使用熔接机上的调整按钮对线芯进行调整,可选择自动对芯或者手动对芯,如图 3-13 所示。

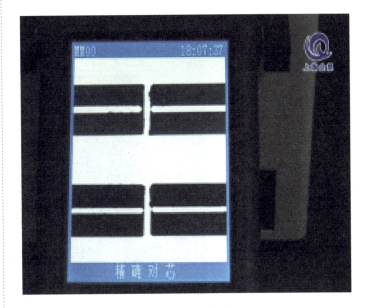

图 3-13　自动对芯

14. 熔接

　　使用熔接按钮对光纤进行熔接操作如图 3-14 所示,一般情况下,熔接完成后其估算损耗应低于 0.01 dB。

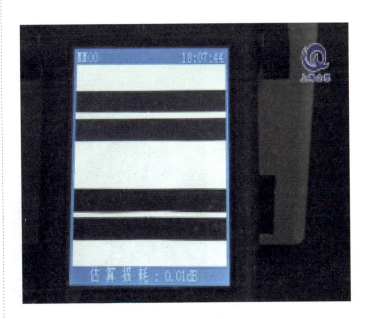

图 3-14　熔接

15. 调整热缩套管
　　熔接完成后,轻
轻地移动热缩套管,
移动至熔接区域,如
图 3-15 所示。

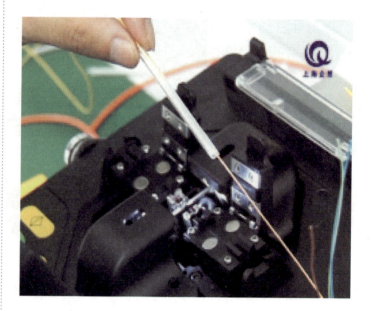

图 3-15　调整热缩套管

16. 开始加热操作
　　将热缩套管放
置在加热盘中,使用
熔接机上的加热按
钮对热缩套管进行
加热处理,如图 3-16
所示。

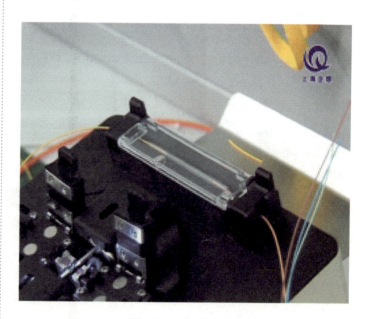

图 3-16　加热处理

17. 加热

　　热缩套管加热完成后，熔接机上的红色按钮会自动熄灭，说明加热完成，如图3-17所示。

图 3-17　加热

18. 冷却

　　将热缩套管放置在冷却盘中，对热缩套管进行冷却，如图 3-18 所示。

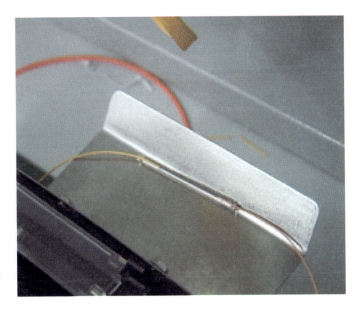

图 3-18　冷却

19. 光纤配线盘
安装

　　光纤熔接操作
完成后,可将光纤固
定在光纤配线盘中,
并将其与耦合器进
行连接,如图 3-19
所示。

图 3-19　光纤配线盘安装

20. 简易测试

　　光纤测试标准
分为等级 1 和等级
2,简易光纤测试可
使用 LED 光源对
光纤进行测试,如
图 3-20 所示。

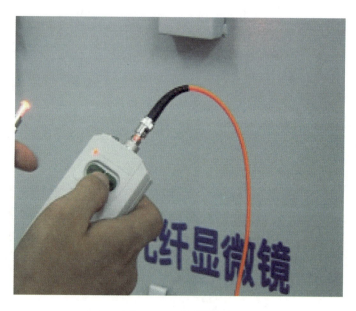

图 3-20　简易测试

21. 测试现象

　　使用 LED 光源对光纤链路进行测试后，可在光纤链路的另一端看到有明显的光线射出，如图 3-21 所示。

图 3-21　测试现象

22. 光纤显微镜

　　如遇到对光纤链路进行简单测试中不通过的现象，一般情况下可使用光纤显微镜对光纤端面进行查看，如图 3-22 所示。

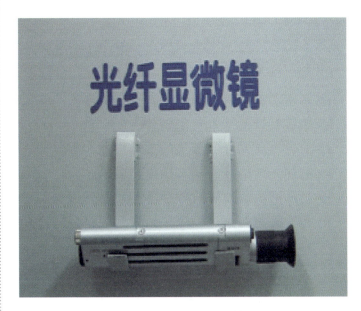

图 3-22　光纤显微镜

23. 查看光纤端面

　　使用显微镜对光纤端面进行查看，大部分情况下光纤链路的故障都是由光纤端面性能不佳引起的，如图 3-23 所示。

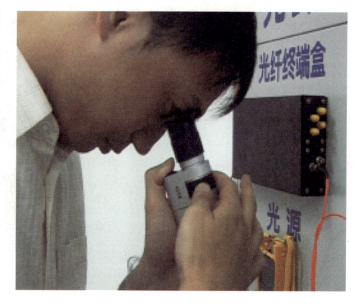

图 3-23　查看光纤端面

3.5　实训后思考

1. 本次实训中所使用的设备包括哪些？
2. 热缩套管的基本功能是什么？
3. 简述剥离光纤涂覆层的基本操作步骤。
4. 简述光纤熔接的基本操作步骤。
5. 光纤配线盘内一般包括哪些设备？
6. 光纤链路的测试等级包括哪几类？
7. 光纤链路测试的光源一般有哪几类？
8. 使用光纤显微镜进行端面检测时可以看到哪些端面不良情况？

第4章　信息模块压制及打线上架操作实训

信息模块的主要作用是连接工作区和水平电缆,主要安装在工作区面板中,模块中一般有八个与导线相连的触点,主要有两种形式,即端接位置的不同,一种是在信息模块的上方,另一种是在信息模块的后部。

4.1　实训目的

掌握模块压制技术和打线上架操作。

4.2　实训要求

能使用打线刀对模块进行压制,并能独立完成打线上架的操作。

4.3　实训器材及要求

1)模块压制操作。
2)打线上架操作。
3)打线刀与制线钳。

4.4　实训详细步骤

1. 剥线

　　使用剥线器去除双绞线的外表皮,使用剥线器夹住双绞线旋转一圈,剥除外表皮,如图 4-1 所示。

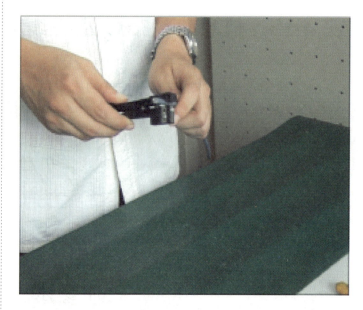

图 4-1　剥线

2. 选择色标

　　由于各个厂商对信息模块都有其各自的专利,所以其模块的色标有所不同,具体安装时需要根据模块上显示的色标来进行安装,如图 4-2 所示。

图 4-2　色标识别

3. 打线

根据模块色标将双绞线卡到模块的 V 形槽中,使用打线刀进行打线,打线完成后多余的线芯应该飞出,如图 4-3 所示。

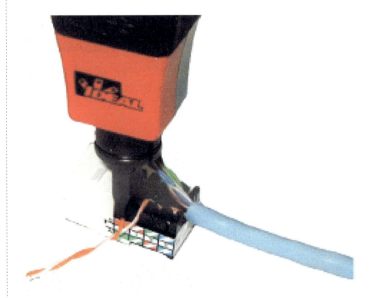

图 4-3　打线

4. 成品

打线完成后,线芯应该与模块 V 形槽内的铜芯充分接触,如图 4-4 所示。

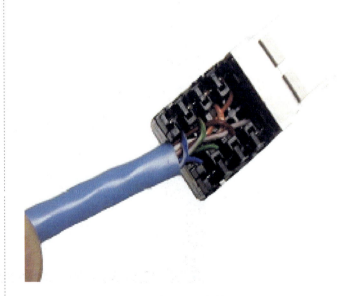

图 4-4　成品

5．剥线

　　在进行打线上架前,首先同样使用剥线器剥除双绞线外表皮,如图 4-5 所示。

图 4-5　剥线

6．排线序

　　按照配线架上的色标,将双绞线卡入配线模块中,如图 4-6 所示。

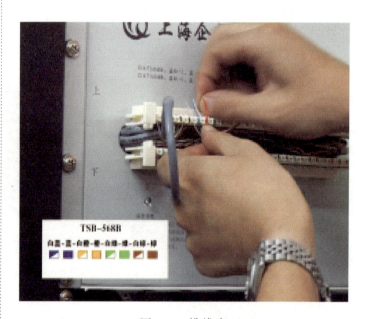

图 4-6　排线序

7. 打线

使用打线刀进行打线,打线时注意打线刀刀头朝外,依次将线芯打到配线架上,打压过程中需要将多余线芯打断,如图 4-7 所示。

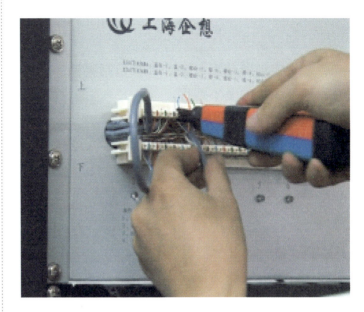

图 4-7　打线上架

8. 测试

使用打线刀完成对应的上下模块打压后,可使用对应的测试按钮,观察测试指示灯。如打线正确,指示灯会按照正常顺序显示;如出现错对、断路等情况,指示灯将以错误的顺序闪烁,如图 4-8 所示。

图 4-8　测试

4.5　实训后思考

1. 本次实训所使用设备和工具包括哪些？

2. 记录模块的基本线序。

3. 简述模块压制的基本操作步骤。

4. 当使用测试设备进行测试时会出现哪些错误显示状态？记录指示灯的闪烁情况如何？

工程篇

第5章 机柜整体设计与安装实训

随着计算机与网络技术的发展,服务器、网络通信等 IT 设备正在向着小型化、网络化、机架化的方向发展,机房对机柜管理的需求将日益增长。机柜、机架将不再只是用来容纳服务器等设备的容器,不再是 IT 应用中的低值、附属产品。在综合布线领域,机柜正成为其建设中的重要组成部分,且越来越受到关注。

19 寸标准机柜内设备安装所占高度用一个特殊单位"U"来表示,1 U＝44.45 mm。大是指机柜的内部有效使用空间,也就是能装多少 U 的 19 寸标准设备,使用 19 寸标准机柜的标准设备的面板一般都是按 n 个 U 的规格制造。

5.1 实 训 目 的

掌握标准机柜的布局设计与安装操作。

5.2 实 训 要 求

能对标准机柜进行整体设计安装操作。

5.3 实训器材及要求

1) 标准机柜布局设计。
2) 机柜的安装操作。
3) 机柜内布线理线操作。
4) 机柜的专用配件。

5.4　实训详细步骤

1. 整体设计

　　根据实际需要对机柜进行整体设计,包括理线器、配线架、隔板等布线配件的数量位置布局等相关内容的确定,如图 5-1 所示。

图 5-1　整体布局设计

2. 机柜面板拆卸

　　建议在进行机柜设备安装前将机柜的面板拆卸,方便设备的安装和布局的整体设计,如图 5-2 所示。

图 5-2　机柜面板拆卸

3. 固定螺母安装

在机柜设备安装前需要安装固定方螺母，一般 2 个螺母为 1U 空间，如图 5-3 所示。

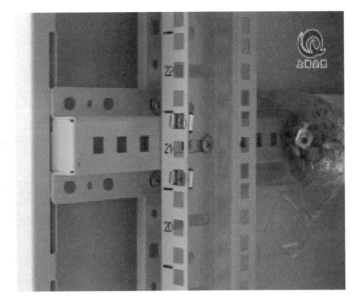

图 5-3 安装固定螺母

4. 交换机安装

在机柜中一般需要安装交换设备，通过整体布局可将交换设备安装在适当的位置，如图 5-4 所示。

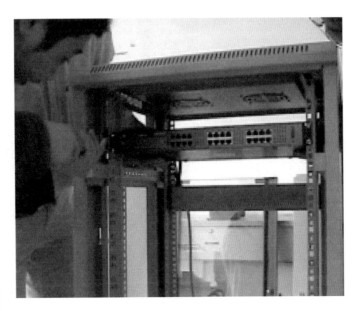

图 5-4 交换机安装

5. 理线器安装

　　在机柜的布局设计中一般会配备理线设备，即理线器，该设备可对各类连接线进行整合，一般情况下理线器与交换机、配线架成对出现，即一个交换机配一个理线器，一个配线架配一个理线器，如图 5-5 所示。

图 5-5　理线器安装

6. 配线架安装

　　在机柜中一般会安装多个理线器，用于连接水平子系统的电缆，如图 5-6 所示。

图 5-6　配线架安装

7. 卡线

　　根据配线架上的色标将每根线按照色标上所示,压入相应的 V 形槽内,如图 5-7 所示。

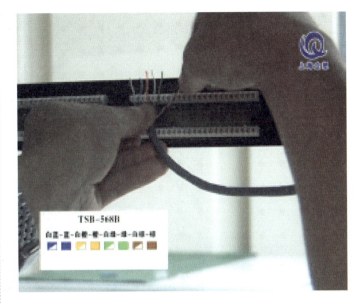

图 5-7　卡线

8. 打线

　　使用打线工具进行操作,打线时用左手扶住配线架,右手手臂与打线刀成水平,打线刀后座抵在手心内,打线时,声音应该清脆响亮,线头应该飞出线架,如图 5-8 所示。

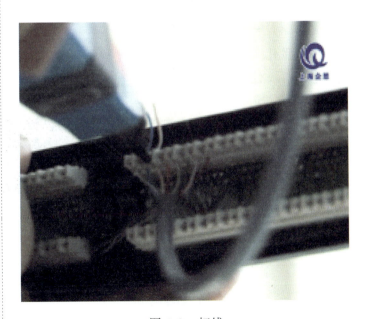

图 5-8　打线

9. 绑扎

　　打线操作完成后,使用绑扎带将电缆固定好,如图 5-9 所示。

图 5-9　绑扎

10. 排线

　　使用绑扎带固定好电缆后,使用剪刀将多余的帮扎线剪去,使机柜布局安装更加美观,如图 5-10 所示。

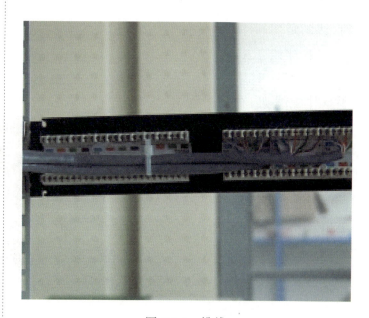

图 5-10　排线

11. 安装 110 配线架
　　　作为管理间、设
备间的重要设备,机
柜中必定会连接大
对数电缆,这时就需
要安装 110 配线架,
如图 5-11 所示。

图 5-11　110 配线架安装

12. 大对数电缆引入
　　　将大对数电缆
由 110 配线架后方
引入机柜,并剥去大
对数电缆的外表皮,
如图 5-12 所示。

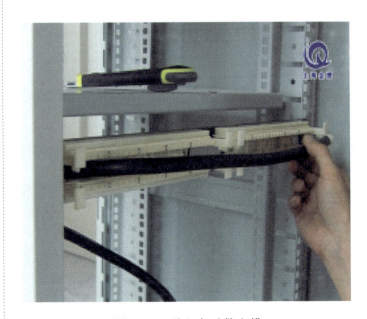

图 5-12　引入大对数电缆

13. 配色排序

　　以 25 对大对数电缆为例颜色编码分为主色(白-红-黑-黄-紫)和副色(蓝-橙-绿-棕灰),将主副色按照顺序两两搭配,就能形成了 25 种颜色,如白蓝、白橙、白绿、白棕、白灰等,并将线缆逐一卡到 110 配线架的 V 形槽内,如图 5-13 所示。

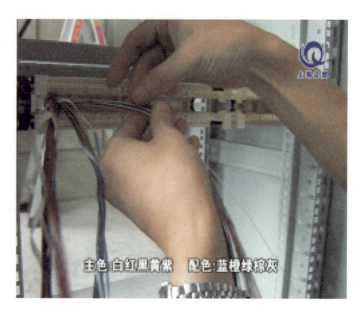

图 5-13　排线

14. 配套模块安装

　　使用 5 对打线刀将 110 配线架配套排插卡入到 110 配线架中,如图 5-14 所示。

图 5-14　配套模块安装

15. 多余线缆处理

　　使用配套排插固定了大对数电缆后,使用剪刀剪去多余的线缆。如图 5-15 所示。

图 5-15　多余线缆处理

16. 理线排线

　　相关交换设备、配线设备、理线器、110 配线架等安装完成后,对机柜的线缆进行整体排线处理,并将盖板、机柜门安装完成,如图 5-16 所示。

图 5-16　理线排线

5.5　实训后思考

1. 本次实训所使用设备和工具包括哪些？
2. 管理间设备键间中的标准机柜内一般包括哪些网络设备？
3. 简述理线器的基本功能。
4. 标准机柜中的 IU 代表什么含义？
5. 简述 25 对大对数电缆的配线方法。

第 6 章   PVC 管、线槽设计安装实训

PVC 管和线槽系统又被称为是综合布线系统工程中的"面子工程",对各类线缆起到了保护作用,该系统直接影响了整个布线工程的质量,因此无论是工程的项目经理、现场工程师还是施工人员都非常重视该系统的设计和施工操作。

6.1   实 训 目 的

掌握 PVC 管、线槽的基本操作技能,包括线槽的安装方式、弯角的制作、路由走线方式的确定等。

6.2   实 训 要 求

学会使用上海企想信息技术有限公司生产的布线模拟墙完成各类线槽、PVC 管的设计安装操作。

6.3   实训器材及要求

1) 使用弯管器对 PVC 管进行弯头制作。
2) 自制线槽弯曲角。
3) 使用模拟墙进行线槽、PVC 管系统的设计和布放。

6.4　实训详细步骤

1. 测量

　　使用卷尺测量所需线槽、PVC 管的长度，如图 6-1 所示。

图 6-1　测量

2. 标记

　　测量完成后可使用记号笔在线槽上做好记录，如图 6-2 所示。

图 6-2　标记

3. 弯曲角制作

使用直角尺和记号笔在线槽上需要转弯的地方画出 45° 角线,绘制一个直角等腰三角形,如图 6-3 所示。

图 6-3　绘制等腰三角形

4. 裁剪线槽

使用剪刀沿着等腰三角形裁剪线槽,如图 6-4 所示。

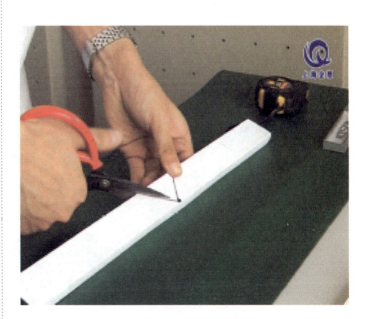

图 6-4　裁剪线槽

5. 弯折线槽

剪裁线槽完成后,弯折线槽,即形成了线槽弯角,如图6-5所示。

图 6-5　弯折线槽

6. 标记

在十字分支制作前,首先使用记号笔在线槽开口位置进行标记,如图 6-6所示。

图 6-6　标记

7. 剪裁

使用剪刀剪开开口位置,如图 6-7 所示。

图 6-7 剪裁

8. 安装线槽

线槽裁剪完成后,将分路线槽插入开口位置,如图 6-8 所示。

图 6-8 安装线槽

9. 安装三通盖板
　　连接完成后使用三通盖板进行覆盖,如图 6-9 所示。

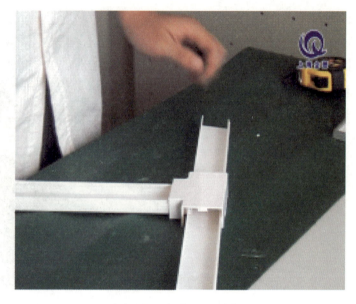

图 6-9　安装三通盖板

10. 切割 PVC 管
　　使用钢锯对 PVC 管进行切割裁剪,如图 6-10 所示。

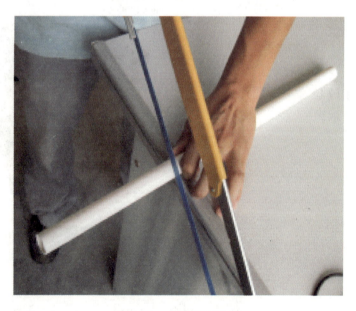

图 6-10　切割 PVC 管

11. 弯通安装

　　弯通主要用于连接 2 根口径相同的线管，使线管做 90°转弯，如图 6-11 所示。

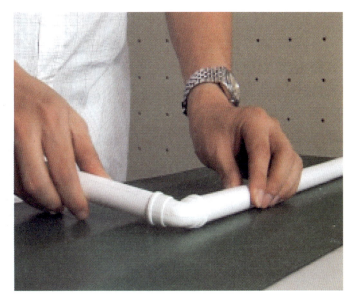

图 6-11　弯通安装

12. 底盒安装

　　利用锁头将 PVC 管和底盒进行连接，如图 6-12 所示。

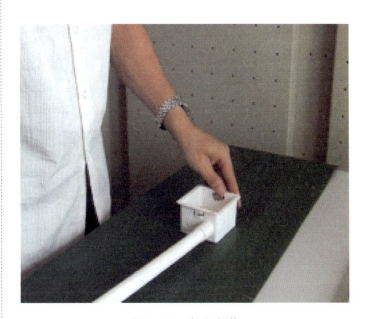

图 6-12　底盒安装

13. 三通安装

　　当线缆需要进行分路时需要使用三通,具体操作是将PVC管分别套入到三通的三个方向,如图 6-13 所示。

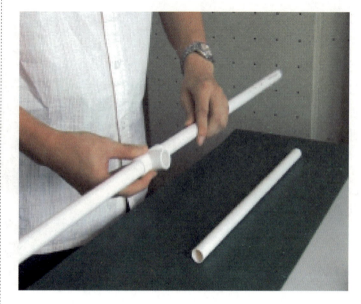

图 6-13　三通安装

14. 自制弯通

　　在实际的工程中可使用简易弯管器进行自制弯通,将弯管器送入需要进行转弯的 PVC 区域,如图 6-14 所示。

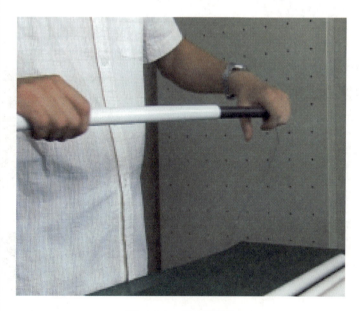

图 6-14　自制弯通

15. 弯曲 PVC 管

　　将 PVC 管进行弯曲,注意弯曲时用力不能过猛,速度不易过快,如图 6-15 所示。

图 6-15　弯曲 PVC 管

16. 成品

　　制作完成后即可用于 PVC 管的弯曲排线,如图 6-16 所示。

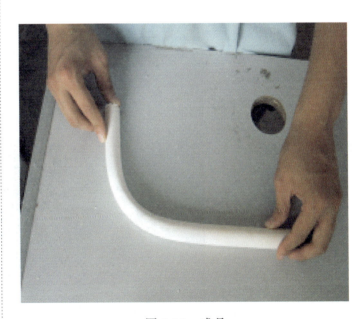

图 6-16　成品

17. 管卡的安装

管卡主要用于固定 PVC 管,拥有不同的规格,适合不同的 PVC 管,安装时使用螺丝固定在墙面上,如图 6-17 所示。

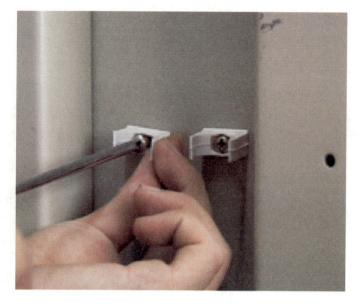

图 6-17　管卡的安装

18. 明盒安装

明盒安装一般是在暗盒安装无法实现的情况下进行操作,如图 6-18 安装明盒。

图 6-18　明盒安装

19. 线槽铺设

　　明盒安装完成后可根据实际情况进行线槽的整体铺设，并使用螺丝进行固定，如图 6-19 所示

图 6-19　线槽铺设

20. 安装盖板

　　线槽铺设完成后，需要安装盖板，如图 6-20 所示。

图 6-20　安装盖板

21. 暗盒安装

在线槽系统的模端必定会连接一个底盒,目前一般采用较多的是 86 盒,底盒一般分为明装盒和暗装盒,如图6-21所示。

图 6-21　暗盒安装

22. 整体连接

管卡、底盒、弯头安装完成后,即可进行整体的连接操作,如图 6-22 所示。

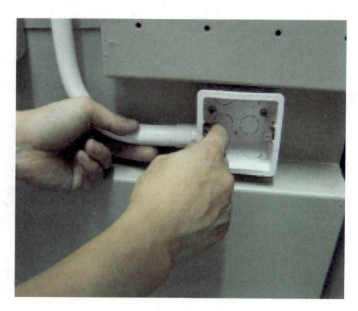

图 6-22　整体连接

23. 成品

整体连接完成后,即可实现整个线槽系统的布放操作,如图 6-23 所示。

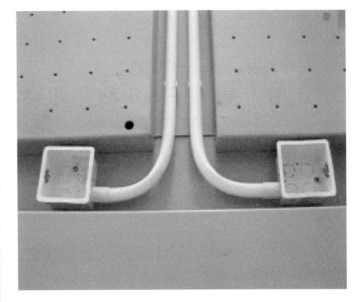

图 6-23 成品

6.5 实训后思考

1. 本次实训所使用设备和工具包括哪些?
2. 简述线槽布线的基本操作步骤。
3. 简述手工制作线槽弯头的步骤。
4. 简述 PVC 管线系统中锁头的功能。
5. 如何使用简易弯管器进行 PVC 管的弯曲操作?

第7章 牵引布线和面板安装实训

PVC管、线槽铺设完成后，需要进行电缆的铺设，或称为放线操作。一般情况下，为了提高放线的速度和效率，必须使用牵引线圈或者牵引机，根据动力又可分为电动牵引和手摇式牵引。

7.1 实 训 目 的

学会使用牵引线圈进行电缆的铺设。

7.2 实 训 要 求

掌握牵引线圈的使用方法，并进行线缆的铺设。

7.3 实训器材及要求

1）牵引布线操作。

2）面板安装操作。

3）验证测试操作。

7.4　实训详细步骤

1. 放入牵引线

　　使用牵引线圈，将牵引头穿入 PVC 管，如图 7-1 所示。

图 7-1　放入牵引线

2. 引出牵引线

　　当牵引线由布线链路的另一端穿出后，可看到牵引线金属前端，如图 7-2 所示。

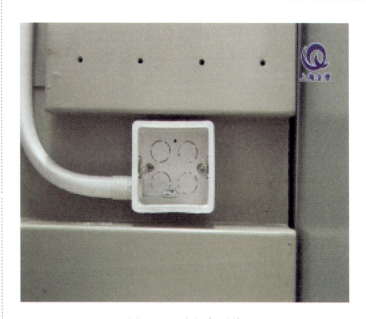

图 7-2　引出牵引线

3. 固定电缆

　　将电缆固定在牵引线前端的金属接头,如图 7-3 所示。

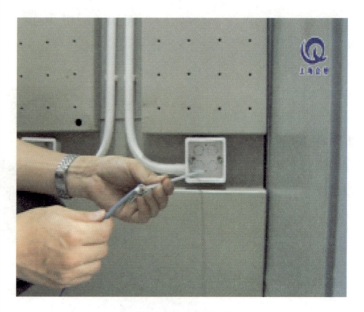

图 7-3　固定电缆

4. 牵引线回拉准备

　　准备将牵引线进行回拉,如图 7-4 所示。

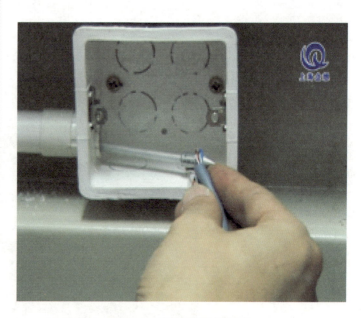

图 7-4　牵引线回拉准备

5. 回拉牵引线

　　在布线链路的另一端开始回拉牵引线,直到电缆随着牵引线一并拉出为止,如图 7-5 所示。

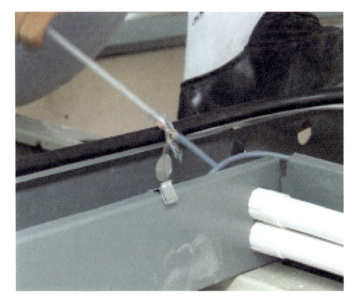

图 7-5　回拉牵引线

6. 剪线

　　使用剪线钳对电缆进行剪线操作,保持一定的电缆余量用于电缆的端接,如图 7-6 所示。

图 7-6　剪线

7. 面板安装

　　线槽布线、底盒安装、线缆排线完成后,需要在底盒上安装信息面板和信息模块,如图 7-7 所示。

图 7-7　信息面板和信息模块

8. 模块压制

　　首先将线缆进行剥线、理线处理,并使用打线刀根据模块的线序压制到模块的 V 形槽中,如图 7-8 所示。

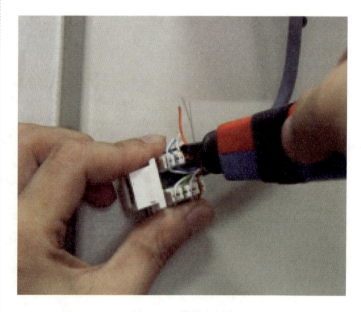

图 7-8　模块压制

9. 安装信息模块

　　将打压完成的模块安装到信息面板上，如图7-9所示。

图 7-9　安装信息模块

10. 安装信息面板

　　使用螺丝刀和螺丝将信息面板固定到信息底盒上，如图7-10所示。

图 7-10　安装信息面板

11. 安装盖板

信息面板安装完成后,将信息面板盖板固定在信息面板上,如图 7-11 所示。

图 7-11　安装盖板

12. 验证测试连接

线槽铺设、底盒安装、面板安装、信息模块压制完成后,可使用简易的测通仪进行测试,将仪器的远端使用跳线连接到信息板的模块上,如图 7-12 所示。

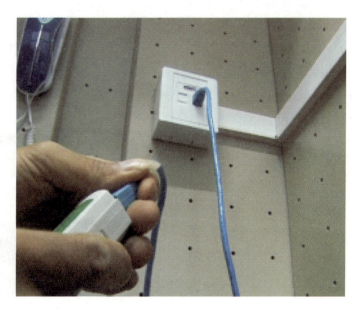

图 7-12　验证测试连接

13. 开始测试

　　将测试仪的主机端连接到配线架上，开启电源进行测试，如连接正确，则指示灯将按照顺序进行闪烁，如图 7-13 所示。

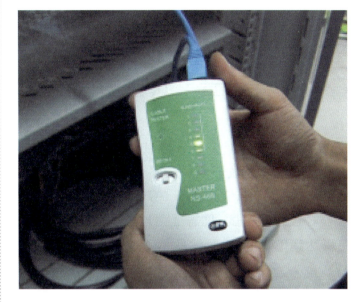

图 7-13　开始测试

7.5　实训后思考

1. 本次实训中所使用的工具包括哪些？
2. 简述牵引布线的基本操作步骤。
3. 简述本次实训时使用模块的基本线序。

第8章 认证测试仪操作实训

LANTEK 系列线缆认证测试仪是美国理想工业公司推出的全中文操作界面的局域网线缆认证测试设备。该系列中的 LANTEK 6 系列测试仪,其带宽可达 350 MHz,完全符合 6 类及 ISO E 级布线测试要求,执行完整的 6 类及 ISO E 级自动测试,只需 21 秒。LANTEK 7G 系列认证测试仪其测试带宽更可达到 1 GHz,从而满足并超过超 6 类及 ISO F 级标准。

8.1 实 训 目 的

了解认证测试的各类电气参数,掌握认证测试仪的基本使用。

8.2 实 训 要 求

学会使用 LANTEK 认证测试仪。

8.3 实训器材及要求

1) 了解 LANTEK 认证测试仪的各个功能模块。
2) 学会使用 LANTEK 认证测试仪。

8.4　实训详细步骤

1. 主要功能模块

　　LANTEK 认证测试仪的主界面上可看到有 8 个测试模块,分别是电缆 ID、已存储测试、现场校准、首选项、仪器、分析、光纤和电缆类型,如图 8-1 所示。

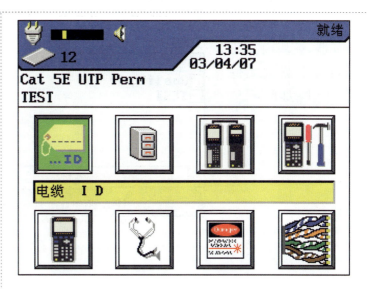

图 8-1　主要功能模块

2. 电缆 ID 模块

　　该模块中包括 3 个选项,分别是增加电缆 ID、设置电缆 ID 和选择双重 ID,其中单击"增加电缆 ID"后将在屏幕下方的数字自动添加 1,由原先的"0000"变为"0001"。"设置电缆 ID"功能模块可对单独的一根测试电缆进行自定义的设置,主要包括设置电缆名称和当前值,如图 8-2 所示。

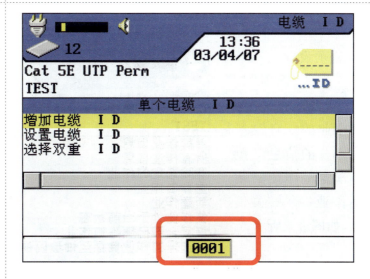

图 8-2　电缆 ID 模块

3. 已存储测试模块

　　该模块功能类似计算机中的资源管理器,模块内主要陈列各个测试文件夹,如图 8-3 所示。

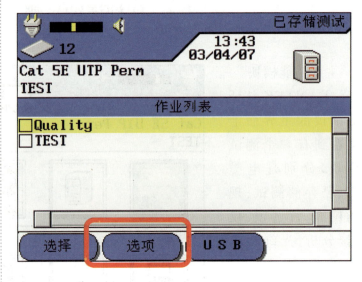

图 8-3　已存储测试模块

4. 选项设置

　　单击"选项"按钮后,可以查看"当前作业的信息""所有作业的信息""删除选定的作业""新建作业"等相关信息,如图 8-4 所示。

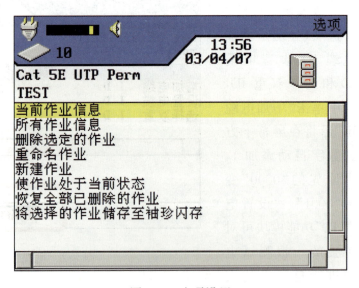

图 8-4　选项设置

5. 现场校验

现场校准是测试仪在进行各类测试之前必须完成的一项任务,因为测试仪在多次测试后必然会出现某些误差,一般情况下,每隔 7 天就必须对测试仪进行一次全面的校准,以保证测试结果的正确。可使用现场校验测试模块进行具体测试,如图 8-5 所示。

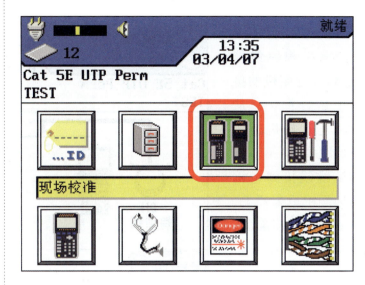

图 8-5 现场校验

6. 开始校验

在主机现场校准屏,使用功能键选"开始"按钮对第 1 根跳线(远端跳线)进行校准,此过程持续约 30 秒完成,如图 8-6 所示。

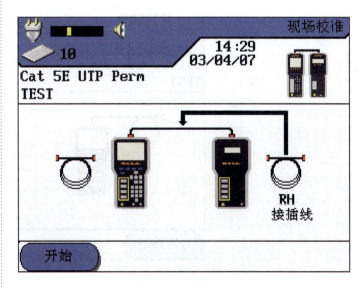

图 8-6 开始校验

7. 第二次校验

第 1 根跳线校准后,在远端机的接线上做好标记。从主机与远端机上取下此跳线,将第 2 根测试跳线接到主机与远端机适配器上。从主机现场校准屏,选"开始"按钮开始对第 2 根跳线进行校准,此过程持续约 30 秒完成,如图 8-7 所示。

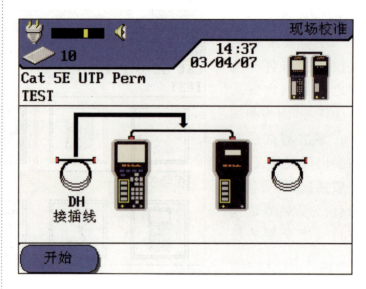

图 8-7　第二次校验

8. 第三次校验

第 2 根跳线校准后,从远端机上取下跳线,(主机跳线不动)。将第 1 根跳线作有标记的一段插回远端机适配器。在主机现场校准屏,选"开始"按钮(或"AUTOTEST")开始第 3 步校准过程,同时,在远端机上,按"AUTOTEST"开始同步校准,如图 8-8 所示。

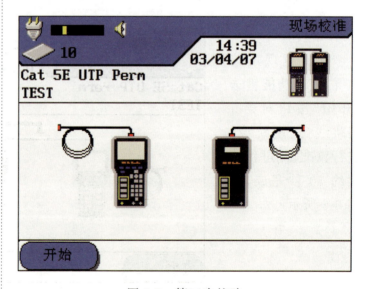

图 8-8　第三次校验

9. 校验完成

如果校准成功，主机将显示简明提示，"校准完成"并且远端机的合格指示灯亮，如图 8-9 所示。如果校准不成功，主机将显示简明提示。

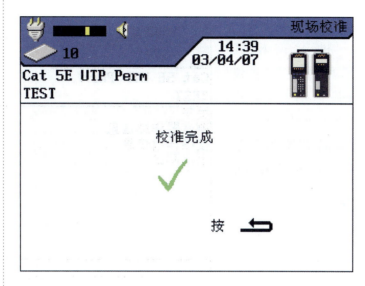

图 8-9　校验完成

10. 首选项

首选项设置模式，可对仪器进行包括"用户信息""度量单位""日期时间""语言""恢复默认"等相关内容的设置，如图 8-10 所示。

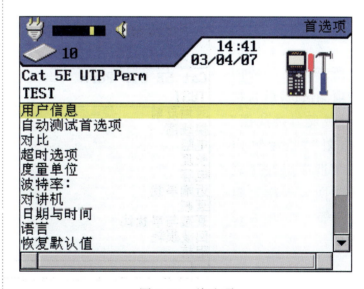

图 8-10　首选项

11. 仪器信息

　　进入该模式后,可查看测试仪的基本信息,包括测试仪型号、版本、基本带宽等相关信息,如图 8-11 所示。

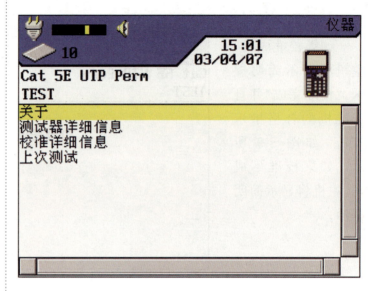

图 8-11　仪器信息

12. 分析模式

　　该模式下提供了所有电气参数的单项测试选项,包括"时域反射接线图""电阻""长度""电容""近端串扰""衰减""回波损耗""阻抗"等,如图 8-12 所示。

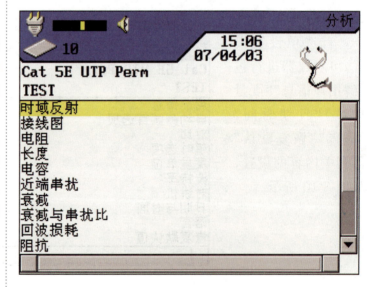

图 8-12　分析模式

13. 光缆类型及电缆类型模式

在进行任何测试前,都需要选择正确的电缆或光缆类型,此时就需要使用电缆和光缆类型模式,如图 8-13 所示。

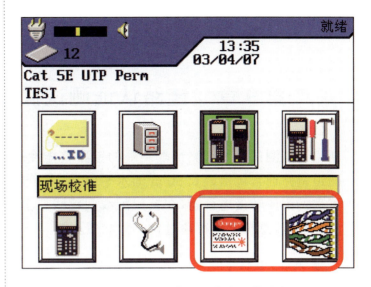

图 8-13　光缆和电缆类型模式

8.5　实训后思考

1. 本次实训使用的认证测试仪是什么型号?
2. 该测试仪共有几种测试模式?
3. 简述测试仪现场校验的基本操作步骤。
4. 测试模式中的分析模式其主要功能是什么?
5. 使用电缆类型模式进行电缆类型选择时具体包括哪些电缆类型?

第9章 链路认证测试操作实训

通道链路测试是用来测试端到端的链路整体性能,又被称作用户链路测试。通道链路通常包括最长90 m的水平电缆、一个信息插座、一个靠近工作区的可选的附属转接连接器,在楼层配线间跳线架上的两处连接跳线和用户终端的连接线,总长度不得超过100 m,如图 9-1。

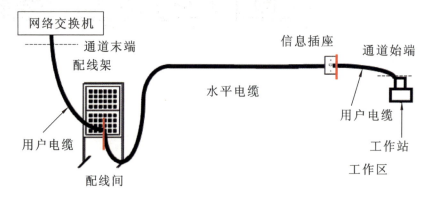

图 9-1 通道链路

永久链路又称固定链路,是由 90 m 水平电缆和链路中相关接头组成,永久链路不包括现场测试仪插接线和插头,以及两端 2 m 的测试电缆,电缆总长度为 90 m,如图 9-2。

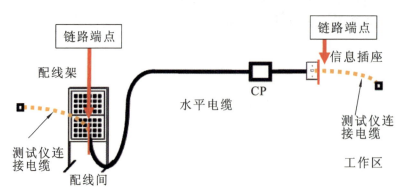

图 9-2 永久链路

9.1　实　训　目　的

了解通道链路和永久链路的定义,并能使用测试仪对链路进行认证测试。

9.2　实　训　要　求

掌握使用认证测试仪对通道和永久链路进行测试的方法。

9.3　实训器材及要求

1）对测试仪进行现场校验。
2）对通道链路进行测试。
3）对永久链路进行测试。

9.4　实训详细步骤

1. 选择链路类型

在进行通道测试前需要选择正确的电缆类型,在此选择"双绞线通道"链路,如图 9-3 所示。

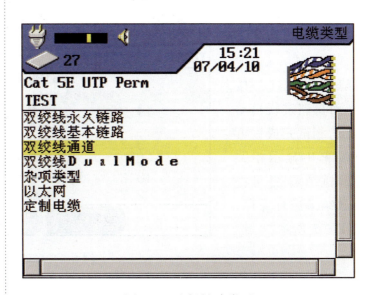

图 9-3　选择链路类型

2. 选择通道类型

在子菜单中选择正确的通道类型，由于采用的线缆类型不同，因此需要根据实际情况进行选择，如选择"CAT 5E UTP Chan"，如图 9-4 所示。

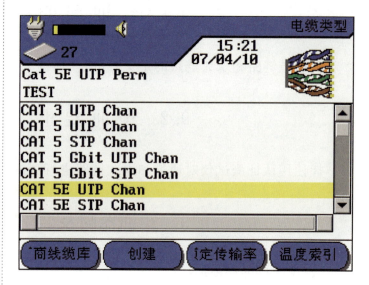

图 9-4 选择通道类型

3. 自动测试

选择了正确的链路模型后，就可使用测试仪中"AUTOTEST"按钮，对链路进行自动测试，测试完成后可在屏幕中显示相关的测试结果，并可将测试结果进行保存，如图 9-5 所示。

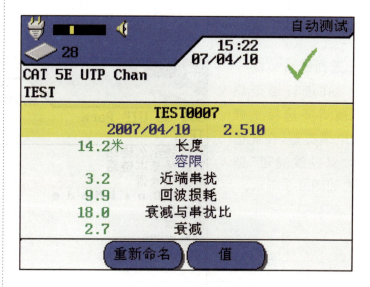

图 9-5 自动测试

4. 永久链路测试

在进行永久链路测试前,同样首先必须选择正确的电缆类型,如图 9-6所示。

图 9-6　永久链路类型选择

5. 自动测试

选择了正确的永久链路类型后,按"AUTOTEST"按钮即可对链路进行永久链路测试,测试结果如图 9-7 所示。

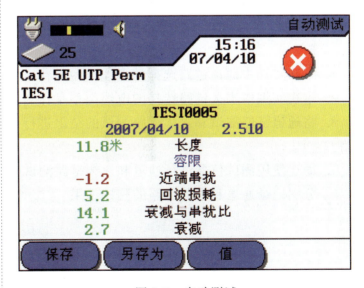

图 9-7　自动测试

6. 详细信息查看

测试完成后可对测试结果进行详细测试，如图 9-8 所示。

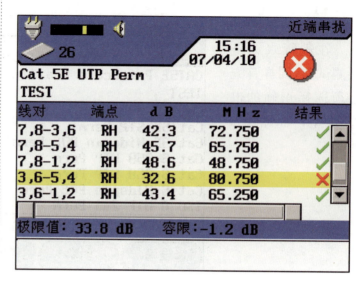

图 9-8　详细信息查看

9.5　实训后思考

1. 本次实训中通道链路选择的电缆类型是什么？

2. 本次实训中永久链路选择的电缆类型是什么？

3. 将通道链路测试和永久链路测试的结果进行比较，哪种测试要求更加严格？

4. 简述使用测试仪器进行通道和永久链路测试时的具体连接方式。

5. 分别记录通道和永久链路的测试结果。

第 10 章　认证测试检验台操作

认证测试是所有测试环节中最为重要的一项内容,也是最为全面和细致的一项测试,也可称为竣工测试。认证测试是指电缆除了连接正确外,还需要满足相关的标准,即相应电缆的电气特性(如衰减,近端串扰,回波损耗等)是否达到有关规定所要求的标准

10.1　实 训 目 的

掌握认证测试台的基本操作方法。

10.2　实 训 要 求

学会使用认证测试台进行各类认证测试。

10.3　实训器材及要求

1) 对测试仪进行现场校验。

2) 分别对认证测试检验台上的各类故障现象进行测试。

3) 将测试记录导出到电脑中,并进行打印。

4) 进行简单的寻线查线操作。

10.4　实训详细步骤

1. 认证测试仪

　　对综合布线工程进行最终的认证测试时需要使用专用的认证测试仪,如图 10-1 所示。

图 10-1　认证测试仪

2. 现场校验

　　在进行认证测试前需要对测试仪进行现场校验,如图 10-2 所示。

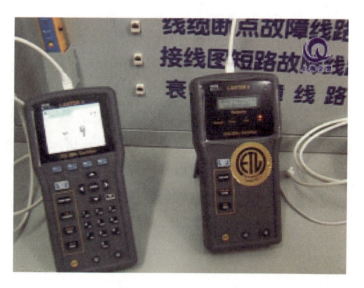

图 10-2　现场校验

3. 校验完成

通过 3 次的校验完成了测试仪的现场校验,测试仪屏幕将会显示"校验完成"的图标,如图 10-3 所示。

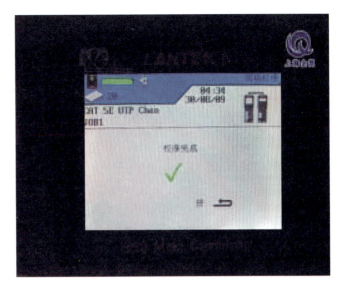

图 10-3　校验完成

4. 认证测试检验台

在使用上海企想信息技术有限公司的认证测试检验台时,可对测试台上的各种故障测试电缆进行测试,具体包括"接线图开路""断路""跨接""近端申扰""回波损耗"等故障,如图 10-4 所示。

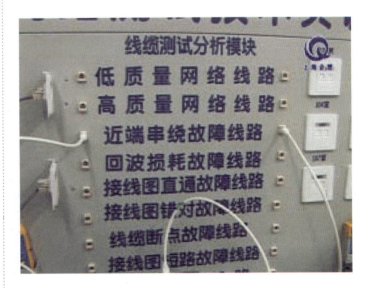

图 10-4　认证测试检验台

5. 导出测试结果报告

　　使用 USB 线将测试仪与电脑进行连接,并使用测试报告生成软件导出和打印相关测试报告,如图 10-5 所示。

图 10-5　导出测试报告

6. 寻找设备主机端

　　在日常工程中,经常会遇到线缆标识混乱,线缆无法找到的情况,这时就需要使用寻线仪来进行寻线操作,该设备分为主机端和远端,如图 10-6 所示。

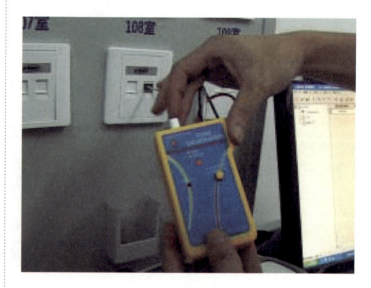

图 10-6　寻线设备主机端

7. 寻线

　　将寻线仪的主机端连接信息模块，并使用远端接触配线架上的各条线缆，如属于对应线缆将会发出高频鸣叫声，即可寻找到所需要的线缆，如图 10-7 所示。

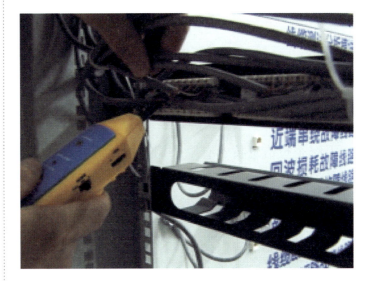

图 10-7　寻线

10.5　实训后思考

1. 简述近端串扰产生的原因。
2. 简述回波损耗产生的原因。
3. 简述衰减产生的原因。
4. 简述线缆跨接产生的原因。
5. 如何使用寻线仪进行线缆的查找？

参 考 文 献

上海企想信息技术有限公司.2008.综合布线实训指导书.

王公儒,2011.综合布线工程实用技术.北京:中国铁道出版社.

王公儒,2012.网络综合布线系统工程技术实训教程.北京:机械工业出版社.

吴方国,2007.智能楼宇网络工程实训.南昌:江西高校出版社.

西安开元电子实业有限公司.2010.综合布线实训指导书.